相约星期二
未完的人生课

在生命的深渊里开出灼灼之花

Morrie
In His Own Words

[美] 莫里·施瓦茨 (Morrie Schwartz) 著
宋红波 耿殿磊 译

中信出版集团 | 北京

图书在版编目（CIP）数据

相约星期二未完的人生课 /（美）莫里·施瓦茨著；
宋红波，耿殿磊译 . -- 北京：中信出版社，2023.12
书名原文：Morrie：In His Own Words
ISBN 978-7-5217-6037-8

Ⅰ. ①相⋯ Ⅱ. ①莫⋯ ②宋⋯ ③耿⋯ Ⅲ. ①人生哲学－通俗读物 Ⅳ. ① B821-49

中国国家版本馆 CIP 数据核字（2023）第 194323 号

Morrie: In His Own Words:Life Wisdom from a Remarkable Man by Morrie Schwartz
Copyright © 1996 by Morrie Schwartz
Arrangement with Bloomsbury Publishing Plc. All Rights Reserved.
Simplified Chinese Translation copyright © 2023 by CITIC PRESS CORPORATION
本书仅限中国大陆地区发行销售

相约星期二未完的人生课
著者：　[美] 莫里·施瓦茨
译者：　宋红波　耿殿磊
出版发行：中信出版集团股份有限公司
　　　　（北京市朝阳区东三环北路 27 号嘉铭中心　邮编　100020）
承印者：　河北鹏润印刷有限公司

开本：880mm×1230mm 1/32　　印张：6　　　　字数：59 千字
版次：2023 年 12 月第 1 版　　　　印次：2023 年 12 月第 1 次印刷
京权图字：01-2023-5018　　　　　书号：ISBN 978-7-5217-6037-8
　　　　　　　　　　　　　　　　定价：59.00 元

版权所有·侵权必究
如有印刷、装订问题，本公司负责调换。
服务热线：400-600-8099
投稿邮箱：author@citicpub.com

莫里·施瓦茨格言

关于生与死

"生死之间的距离或许并不遥远。"

关于超脱

"不要为身体或病痛所困。身体只是自我的一部分而非全部。"

关于悲伤

"如果感到悲伤,就尽情表达自己吧,无须克制,可以时常表达！悲伤能让你的情绪得到宣泄，精神得到慰藉，帮助你保持平静。"

关于宽恕

"宽恕自己，宽恕他人，请求他人的宽恕。宽恕可以温暖心灵、排解苦闷、消除内疚。"

关于善良

"敞开你的心扉，既为他人，也为你自己。做到慷慨、得体、热情。"

关于信仰

"找到你的精神信仰，然后用自己的方式敬奉它。"

目录

前　言　　　　　　　　　　　　　　　　i

[第一部分]

认识自我

第 一 章　接受身体的局限　　　3
第 二 章　应对挫败感　　　　　21
第 三 章　表达悲伤　　　　　　38
第 四 章　接受现实　　　　　　54
第 五 章　回顾过去　　　　　　69

[第二部分]

实现自我

第 六 章　尽可能享受快乐　　　81
第 七 章　敞开心扉　　　　　　95
第 八 章　善待自己　　　　　　117
第 九 章　体谅，宽容，超脱　　127
第 十 章　寻找精神信仰　　　　145
第十一章　思考死亡　　　　　　159

前言

保罗·索尔曼[1]

他叫莫里·施瓦茨。"叫我莫里吧。"他总是这么说,即使对著名节目主持人泰德·科佩尔也是这么说。1995年,泰德·科佩尔在美国广播公司《夜线》节目中对莫里进行了三次电视专访,每次半个小时,正是这三次专访让这位睿智的老人成了全美的偶像。

---

[1] 保罗·索尔曼是莫里在布兰迪斯大学的学生。

莫里现身电视节目的原因如他本人那样简单：在77岁高龄，他患上了肌萎缩侧索硬化，面临死亡的威胁。然而，他却比以往任何时候都表现得更有活力。虽然莫里为人谦逊，但他意识到他可以利用媒体的力量为其硕果累累的一生再添浓墨重彩的一笔，帮助人们消除对死亡的恐惧，呼吁人们公开谈论人人都会经历的疾病、衰老和死亡。

莫里说，"学会如何生活，你就知道如何面对死亡；学会如何面对死亡，你就知道如何生活"。莫里的话不仅适用于正在经历病痛的人和病人的亲友，还适用于身体健康的人。他分享自己对人生的看法，在《夜线》电视节目、《波士顿环球报》及全美其他广播电视节目上讲述他的体悟。

莫里的话正好呼应了人们的精神需求，引起了热烈反响。成千上万的观众、听众和读者给他写信，有寻求忠告的，有寻求慰藉的，但多数人是为了感谢他回答了他们冥思苦想仍不得其解的问题。

莫里患的肌萎缩侧索硬化会摧毁神经控制肌肉的能力，让肌肉停止活动，然后开始萎缩。莫里的肌肉萎缩是从腿部开始的，等待他的是逐渐走向死亡。

面对"死刑判决"，莫里决定在生前为自己留下一份美好的纪念。他观看马克斯兄弟的滑稽电影，沉浸于他所能找到的各种幽默，告诉朋友他期待他们来访，并着手撰写本书中的人生格言。

从某种意义上说，本书是莫里的遗言——关于如何富有激情又平静地活着，直到生命最后一刻。由于肌肉萎缩，莫里的手颤抖得越来越厉害，写这些格言的速度日渐缓慢，但他的信念却日益坚定。起初，他认为这些格言的意思清楚明了，无须诠释。但他后来意识到，对大多数读者来说，将其付诸实践还需要帮助，因为这些格言形式上是一份简明指南，但内容实则如同祷文般深邃、神奇。

"如果感到悲伤，就尽情表达自己吧，无须克制，可以时常表达！"莫里写道。

但具体应该怎么做呢？我们不具备莫里那样的智慧，大多数时候，我们并不知道自己为什么伤心悲痛，也不知道该如何去表达这种伤悲。

于是，莫里开始通过讲述自己的经历对格言进行阐释，帮助读者了解他是如何获得这些感悟的，启发他们理解这些格言，更重要的是，帮助读者把这些格言外化于行、内化于心。

口述录音持续了好几个月，有时候很费劲。到最后，莫里拼命想把痰咳出来，眼睁睁看着麦克风从胸口滑落，只能等着别人帮他把麦克风重新别好。随着录音的延续，我们越来越强烈地感受到，他的格言不仅切实可行，而且具有更高层次的意义。莫里始终如一的世界观是在他一生中日积月累形成的，只是到如今莫里才将它完整地表述出来。解释他的世界观，对有的人来说似有矫揉造作之嫌，而这些话对有的人来说则十分亲切，能带来慰藉。不管怎样，对莫里来说，生命的过程就是满怀爱心地向他人、向全世界，甚至向某种超越人类的存在敞开心扉、直抒胸臆。直到生命的尽头，莫里都满怀好奇心和快乐。如何度过生命最后的时光，是这位伟大的老师教给我们的最后一课。

这些格言是莫里世界观的体现，而他的世界观又是从他的人生经历中形成的。因此，在阅读正文前，我们不妨一起来了解一下莫里其人。

莫里出生于芝加哥一个俄裔犹太移民家庭,在纽约的贫民窟长大。他个头不高,一头红发,满脸雀斑。莫里在最后一次采访中提到:"我那时穿着到膝的五分裤,像个邋遢鬼。"他记得那时自己"总是看上去还算开心,但内心却郁郁寡欢"。他母亲在他8岁时就去世了,他也因此变得很内向。

"那时我开始意识到生命的脆弱,"他说,"我们所珍惜的一切随时可能会化为乌有。"

由于幼年丧母,莫里对于爱的缺失异常敏感,渴望别人的关爱。继母抚养他和他弟弟长大,对他们疼爱有加,教会他们关爱他人、乐于学习。

后来,莫里进入免学费的纽约城市学院学习。毕业后,他因为患有鼓膜穿孔,在二战应征服役时被淘汰了下来。他决定申请攻读研究生，但对选择社会学还是心理学专业十分纠结。

"我一直对心理学感兴趣，"莫里说，"但学心理学要用小鼠做实验，我放弃了。"最后，他进入了芝加哥大学攻读社会学硕士。

在阅读卡尔·罗杰斯、哈里·斯塔克·沙利文和马丁·布伯等学者的著作之后，莫里对他们的哲学有了自己的领悟：敞开心扉，表达你的真情实感。莫里研究的重点不像传统的心理学那样只针对个体，也不像"社会学"一词的字面意义所显示的，只局限于研究社会。莫里乐于将两者联系起来，这是当时新兴的社会心理学领域。

莫里初入职场，因为在精神病院进行研究工作，他必须从事心理分析，其间他有了对人生的第一次顿悟。

"我开始明白母亲去世给我带来的伤痛……并为失去母亲而悲伤。"他在最后一次采访中说。莫里认为心理治疗是一种宣泄手段,通过心理治疗,他平生第一次远距离审视自己,见证自我成长。正如他书中的格言所示,这成了他应对死亡的重要诀窍。

当时,莫里与同事阿尔弗雷德·H.斯坦顿搭档,在一家非传统精神分析精神病院的病房工作,负责观察病人、观察医患人员的关系。令他感到震惊的是周围人的态度对病人所产生的巨大影响。在医院,莫里仔细观察并与所有病人都进行交流,包括那些孤零零地蹲在角落里的病人。他礼貌谦恭,敞开心扉与病人交流。渐渐地,病人对他做出了回应。这段经历让莫里明白向他人敞开心扉有多么重要,从中他也意识到群体对个人的影响。

斯坦顿和施瓦茨根据这项研究所著的《精神病院》（*The Mental Hospital*）一书成了社会心理学的经典之作，影响了整整一代医学从业人员。该书出版后不久，布兰迪斯大学聘请莫里前去任教。多年来，直到去世前的一年，他一直是个参与式观察者。他为本科生开设了"群体过程"课程，这门每年开设的实验课教学生学习如何摒弃主观偏见、如何将自己视为群体的一员并向群体敞开心扉。简而言之，莫里的后半生都在践行自己推行的信条。

莫里生前从他人身上受益良多。他感谢妻子和两个儿子的帮助，他们让他学会了克制自我，懂得别人而非自己对自己来说更为重要。

莫里感谢他和朋友、同事在20世纪60年代创建的低收费心理治疗社团"绿屋",它让他有了自我感伤的能力,最初为失去母亲悲伤,最后为自己失去健康悲伤。

莫里还感谢他当年在激进思想主导的布兰迪斯大学社会学系的同事,让他持续不断地捍卫弱势群体,捍卫他包容平等的政治主张。

他甚至感谢他晚年患上了哮喘。他说自己在与病魔的抗争中,学会了如何克服死亡(或者濒死)带来的恐惧。

在快70岁时,莫里踏上了人生最后一段旅程。他学会了冥想。对莫里来说,这是心理疗法的延伸,学习与自己保持距离、学习如何活在当下、学习向宇宙敞开心扉。从某种意义上来说,这是莫里"精神修行"的开始。在另一种意义上,这又是莫里几十年前就开始的精神修行的顶峰。

莫里的人生经历凝结成了格言，而本书就是围绕这些格言写成的。从伊索到耶稣到俳句再到尼采，简单而深刻的见解在世界文化中永远享有一席之地。在电视和信息碎片化的时代，人们有时会将简短话语戏称为"语言碎片"。莫里对此并不担忧，他认为这些简短的格言适用于心灵，所有心灵。

1995年11月4日，莫里于家中安详离世。

认 识

[第一部分]

自 我

[第 一 章]

接受身体的局限

身体机能的退化时常猝不及防，

你需要提前想象那时的情形。

有了心理准备，

也许就能减轻病痛对你的影响。

1994年，我得知自己患上了肌萎缩侧索硬化，我问自己："是要死去，还是要活着？"其实，我是在思索，自己是要跟很多罹患绝症的病人一样，在遭到世界背弃的时候选择离开这个世界，还是继续活下去。我选择了后者。但是，从今往后，我还能否依照自己的意愿，过充满尊严与勇气、欢笑与爱意的生活？我不能确定，我只是告诉自己：要全力以赴。我决意要竭尽所能，沉着平静地继续生活。到目前为止，我做到了。

患病以来，随着体内神经逐渐失去对肌肉的控制，我亲眼看到了自己多项身体机能退化的过程。生活越来越难以自理，刮胡子也好，吃饭也好，我都抬不起手来，仿佛手上压着千斤重担。

现在，我吞咽食物变得愈加困难，还经常咳嗽。有时，我得把食物咀嚼得非常细才能咽下去。我不知道不需要借助进食管就能进食的日子对我来说还能持续多久。此前，当我失去行走能力时，适应的过程非常艰难。但是，吞咽功能受损是我首先感受到的重大损失，其次是发声功能的退化。当我试图发"奥"这个音时，它总卡在喉咙里发不出来。我已经变得口齿不清，这是失声的一个先兆。

我天生喜欢与人交谈，不能说话对我来说犹如晴天霹雳！我实在无法想象，当我不能说话——不能发出指令、不能提出要求、不能表达思想时，生活会是什么样子。但是，我会利用失声沉默的时机，倾听自己内心的声音。

想必这会是一个有趣的挑战。我交代过亲友们："等我不能说话时，如果你们告诉我你们的所思所感，你们仍能感受到我的回应。我虽无法说话，但能够用表情传达。"那时我的面部肌肉应该还可以活动，帮助我传达信息。但是，他们如果想与我商量事情并想获得我的反馈或支持，那就要把信息转化成我可以用"是"或"否"回答的问句。这是我为了应对不久后的失声，目前想到的方法，但愿到时还能想出新的法子来。

我认为，仅仅做好心理准备，并不足以充分应对身体机能退化的问题。只有亲身经历过，才能感受深刻。我们可以提前想象可能的情形和相应的对策，但在那一天到来以前，我们依然无法拥有切身体会。所以，我现在想到的应对之策与到时的表现肯定有所不同。毫无疑问，一开始我肯定会沮丧一阵子。"这阵子"究竟会持续多久，我不得而知，但那是正常的反应。大概两三天后，我就会重整旗鼓。

不管你感到自己哪方面的机能（比如行走、说话或思考）开始衰退，对其不利影响的预判越充分，日后适应起来就越轻松。

接受当下的自己,

包括自身的健康状况和命运。

最近，我读了医学博士亚历山大·勒温所著的《身体的背叛》(Betrayal of the Body) 一书，挺有帮助。在勒温看来，人们想当然地认为：我们的身体功能健全，一直都能正常运转。因此，一旦身体出现状况，我们便感觉遭到了身体的背叛，就好像有戒律规定，身体应该一直是健康的，能随时做出反应。我怀疑，这只是一种让人相信自己不会死亡的思维方式。我们还没有完全接受生命是有限的，人是脆弱的，随时都有可能被击垮。

很多事情会变得越来越难做，
做起来也越来越慢。
而且，很多事情不会像曾经那般理所当然，
要做好心理准备，接受改变。

我的腿部力量也在逐渐消失,然而,直到有一天我摔倒在地,我才猛然意识到自己已经十分虚弱。那天,我弟弟陪我去接受针灸治疗,抵达目的地时,他把车停在诊所门前的路边。我走下车,以为能像以往一样站稳,但心有余而力不足。我撑不住手里的拐杖,猝不及防地摔在了地上。

行动受限迫使我认识到:必须抑制住冲动。我是个非常容易冲动的人,心理方面还好,主要是行为方面容易轻率行事,不管看到什么,都想上手一试。而现在,我必须遏制住自己的冲动,重新界定究竟哪些事自己能够做到、哪些事自己不能做到。这对我而言是一门功课,因为过去我做事敏捷、麻利、灵巧,而这样的日子一去不复返了。从上床下床到上卫生间,我的生活起居都得靠别人搬来搬去。

失去了行动力和自由令我感到非常艰难，但这同时也是一个绝佳的挑战——我从中学会了遏制自己的冲动。我们每个人都应当具备这样的心理弹性，能积极发现、灵活选择其他做事的方式。

不要羞于求助。

几年前的一个阴雨天，我一位85岁高龄的朋友准备过马路，一个年轻人主动上前搀扶但被他婉拒。不料，我的这位朋友被一辆汽车撞倒，最终失去了生命。我的这位朋友虽然年事已高，却依然坚持证明自己的独立，羞于说出"好的，我确实需要帮忙"。

人们拒绝接受他人的帮助，是因为他们认为，独立是保持自尊的前提。因此，我们害怕，如果自己有求于人，自身的价值就会遭到贬损。这种心理植根于我们崇尚独立和个人主义的文化。我们认为，人人都应该像充满传奇色彩的西部牛仔一样自由洒脱，无所不能，敢作敢当，单枪匹马，成为独行侠！

我们周围很多人，特别是成年男性，不允许自己产生对人际关系的需求。我认为这种心理极为可悲，因为人们之间的相互依存超出了我们的想象。

事实上，我们在情感、心理和生理层面上，都对人际关系有巨大的需求，而我们常常像躲避瘟疫一样回避表达自己的这些需求。在我看来，真正了解自己的需求并意识到你和他人彼此需要，这才更有意义。

给别人提供帮助，不同的方式会让对方产生积极或消极的不同反应。你如果打算去看望或正在帮助行动不便的人，不妨参考以下建议。

第一，除非你心甘情愿，否则不要主动提出帮助别人，你的家人或你所爱之人很容易察觉出你的感受，因此哪怕是接受了你的帮助，他们也会感到羞耻或愤怒。当别人求助时，你如果感到不便或不自在，尽可以坦诚告知对方你的为难之处。如果可能的话，你可以换个方式，委托他人来提供帮助。

第二，帮助亲朋好友，不要过于谨小慎微。在询问他们是否需要帮助时,请尽可能表述得明确具体。比如,当看到对方从包装纸里取吸管有困难时,你可以主动上前帮他打开包装纸,避免小题大做。总而言之,我们帮助他人,要时机合适,自然而然。

第三,助人时要注意尊重对方并保持礼仪分寸。比如,未经同意,不要抬起患病亲友的头,为其抖拍枕头。谨记:不管对方无法自理的程度有多么严重,他仍然希望你尊重他的自主性。

不要为身体或病痛所困。

身体只是自我的一部分而非全部。

依我的经验，身患重病的人容易为身体或病痛所困。我曾经组织过团体心理治疗，在其中一个小组中，有一名成员从来不向其他成员透露自己所患的疾病。但每次小组活动，他都大倒苦水，怨天尤人，絮叨自己的疾病如何痛苦，命运如何不堪。他这样做，不仅给自己增添了精神痛苦，还令其他病友焦躁不安。最终，大家拒绝再让他加入。

我知道，当身体感到疼痛时，要专注于其他事情非常困难，但是应该尽力尝试。如果陷入病痛无法自拔，你很容易成为身体的囚徒，因为病体可能会支配你的余生，你的整个生命会为伤痛、功能障碍或身体缺陷所困扰。但其实，我们尽可以活得更加健康快乐。

当我们的身体受到伤害时，我们往往以为自我也受到了伤害。但对我来说，认识到"身体只是自我的一部分"十分重要。我们的自我远不只是身体部位的总和。实际上，我们的世界观、人生观、价值观与我们的机体一起，共同塑造了我们完整的自我。另外，我们还拥有情感、直觉和洞察力等。

依我之见，只要还拥有情感、心理或直觉等，自我就没有丧失，甚至没有毁损。因此，请不要因为身体受限或功能失调而感到羞耻，不要因为患病而觉得自我不再完整。我自己深切地感到，现在的我比患病之前更好地活出了自我，因为我已能超越许多心理和情感上的局限。

[第 二 章]

应对挫败感

要预料到有些事情可能是望尘莫及、触不可及、可望而不可即的。碰到这样的情况,不要被挫败感击倒,不要愤怒,消极情绪出现时要尽快排遣。

简单地说，挫败感是当冲动受到抑制，或者在实现目标的愿望没有达成时出现的一种情感体验。比方说，我需要一支铅笔来写个便条，但铅笔离我有一段距离。我想要铅笔，但无论我怎样移动身体都够不到铅笔，我就不去试了。我的挫败感不是来自我够不着铅笔，而是来自我不得不抑制我去够铅笔的冲动。

如果铅笔离得近，我伸手够得着，我就会试着去够。但如果我使劲儿够，还是够不到，我就会感到挫败。没有铅笔我就写不了便条，我便会更加沮丧。这时，我不会因行动不便而激动焦虑，而会请人进来把铅笔递给我，从而把沮丧情绪扼杀在萌芽状态。

身体上的打击已经够糟糕了，但我敢打赌，本书的读者，不论年龄大小或者健康状况如何，都有过因想不起某个词语或人名而懊恼的经历。很多时候我想说一句话，但就是想不出来其中一个单词怎么说，于是我非常沮丧。但是，如果我停止绞尽脑汁地想答案，那个词通常就会自动在脑海中浮现出来。这种情况我经历过无数次，我知道我最终一定会记起来那个词语，但是，我就是想立马得到答案。

这就是挫败感的一个基本特点。我希望在需要时就能得到想要的东西，如果得不到，我就会沮丧。但倘若我不再要求即刻便得到，这种挫败感就会减少，目标也仍能实现，虽然这需要等上一段时间。

随着病情不断恶化,
要提前料想可能出现的不良状况,
并想办法控制你的情绪。

在病情突然恶化，需要人帮助时，就去寻求帮助，这不失为应对过度沮丧的一个好办法。保持耐心是另一个好办法。当我一时间想不起来某个单词时，我会耐心地等它自己浮现。对于令你沮丧的事情，你需要尝试不同的应对方式。

设想一下，我需要一杯水，但身边没人帮我递水。我的手臂虚弱无力，无法自己操纵轮椅去厨房或卫生间取水。这时还有别的办法吗？只能放弃要水的念头。不要这杯水，自己也受得了。做出妥协有时很难，而有时并没有那么难。但如果你不学会控制你的沮丧情绪，它们就会日积月累，使你一直生活在焦虑不安的状态中。为你自己着想，别让生活雪上加霜。

最脆弱的时候,警惕情绪、精神或行为上的退行现象,尽量避免、减弱或停止退行。

当身体或情绪处于脆弱状态,尤其是疲惫、失眠或焦虑时,你便容易产生挫败感。这时,你容易退回到更加幼稚的状态,在你得不到想要的东西时就大发雷霆。但我们已不是婴幼儿了,即便感到疲惫不堪、担忧或不安,为了你自己和你周围的人,你也得努力保持镇静。

这并不是说你要把这些情绪闷在心里。恰恰相反,你需要定期把你的情绪表达出来,但要注意,你当下的心态会影响到你待人接物的状态。如果你正在紧张地等待检查结果,这时若是饭菜送晚了或朋友致电取消来访,你可能会大发脾气。当你情绪过于紧张时,说话要比平时更谨慎,以防把沮丧情绪发泄到别人身上。要是你觉得你做得不妥或是伤害了别人,就向别人致歉。

对你身边的人要坦诚相待。你如果心情低落,不妨告诉他们,还可以具体说明烦恼的缘由。要是你告诉他们,你因为没睡好而十分疲惫,他们说不定会帮你按摩放松或为你朗读一些轻松的文章。倘若你为病情的变化而焦虑,可以和亲友谈谈自己的感受。假如你是那个倾诉的对象,不要以为对方是在向你寻求答案或解决方案,只要你理解他并认真倾听,就足以抚慰他受伤的心灵。

当你极度沮丧或恼怒时,

把情绪发泄出来。

你不必任何时候都表现得很好,

只要大部分时间做到就行了。

沮丧或恼怒时，不要害怕发泄怒火，当然，你不一定要朝他人发火。你可以默默地骂几声，情况允许的话，甚至骂出声也无妨。发泄情绪与保持冷静并不矛盾。事实上，从长远来看，不时地发泄一下不良情绪反倒有助于缓解沮丧情绪。抱怨几句，发发火，有时哭上一阵子，都有益于健康。当我向理解我的人大声发脾气时，若是他能够耐心听听我的抱怨，而不是说"哦，别说这些"或者"你应当成熟一点儿"，那就太好了！

在我感到生气或想抱怨时，我就生气，我就抱怨。我发现，生气、抱怨能很好地宣泄情绪。我知道我的负面情绪不会持续太久，很快我就会恢复正常。毕竟，宣泄情绪比压抑情绪和精神内耗要强得多。

要是没有人能平心静气地听你发牢骚，那你就把牢骚写下来，或用录音机录下来。把你的经历写下来，你就能跳出自我，换个角度看清自己。每当我把自己的经历写下来之后，那些事情就好像不是发生在我身上的了。我再读时，那些事情就变得好像是别人的事，如此一来，我便可以更客观地审视"别人"。

幽默也是化解沮丧情绪的一种有效方式，它有助于你客观地审视自己的处境。你可以退一步，学会自嘲。比方说，今天上午，你第五次把书掉到地上。书落地时碰巧正面朝上，恰好摊开在你刚才所看的那一页。那就有点儿幽默感，来个"远距离"看书，而不是一直为自己身体协调能力的下降而懊丧。幽默对你益处多多，但别用幽默来贬低自己。

有的人生病后压力非常大，他们害怕表达他们的恼怒或沮丧情绪，因为他们担心自己的抱怨可能会像滚雪球一样，越滚越大。可我要说："有怨气，就发泄出来吧！"如果沮丧情绪淤积了很多，你就得找人谈谈，释放出来。如果谈话触碰了你情绪的闸门，你的抱怨更多了，你就承认你在抱怨，接受你在抱怨这个事实。对自己要有信心，相信你能控制好自己的情绪，因为你已经把情绪发泄出来了。

口述这一章的那天早上，我满腹牢骚。我双腿疼痛，呼吸变得更加费劲，吞咽也越来越困难，还伴随着消化不良和肠道问题。我没完没了地抱怨。在抱怨了一通之后，我感觉好多了。如果我不抱怨，情况恐怕没有这么好。我相信抱怨的益处，我的沮丧情绪都能及时释放，从未淤积。

每个人都必须找到适合自己的控制情绪的方法。我的方法或许对你有所帮助，但倘若不抱怨，你感觉会更好，那就不要抱怨，或者不要一开始就抱怨。但无论采用何种方法，你都必须尝试。压抑自己的情绪果真效果更好？还是说，你只是因为担心别人的看法而压抑自己的情绪？总之，事无定法，关键是，要意识到自己的情绪、关注自己的情绪，并学习如何调控好自己的情绪。

最令我沮丧的一件事发生在我患肌萎缩侧索硬化的前几年，从某些意义上来说，这不失为一场排练，为我目前的人生经历做好了准备。

看到我现在这个样子，你绝对不相信我曾痴迷跳舞。我从12岁起就开始跳舞。1928年，我和父亲、继母、弟弟一起住在纽约布朗克斯的一套三居室公寓里，那里的厨房很大，我们全家在这间厨房里度过了不少欢乐的家庭时光。每当听到收音机里响起音乐，我就会抓起一把扫帚，把它当作舞伴，在厨房里翩翩起舞。

音乐课学费太贵，所以上音乐课想都别想，又加上我不会唱歌，跳舞成了我唯一表现音乐的方式。我过去总爱欣赏电影中弗雷德·阿斯泰尔与金格尔·罗杰斯或其他舞伴跳舞。那个梦幻的世界使我神奇地逃离了贫困的现实生活。

长大以后，我一直跳舞到60多岁。我常去一个叫"自由舞蹈"的地方跳舞。付了入场费之后你就可以尽情地跳，不需要另外交费。我常常是那里年纪最大的。我会在脖子上缠条毛巾，因为我很爱出汗。就这样如痴如狂地跳着。我记得我曾和朋友说过，假如我日后停止跳舞，我会活不下去。

但在1984年，我不得不放弃跳舞，因为我患上了严重的哮喘。

就这样，哮喘陡然引发了我身体第一次真正的危机。那年我 67 岁，在此之前我从未生过重病。突然间，有时到了晚上，我站在窗前喘着粗气呼吸，不知道下口气能否接上来。当时我的哮喘非常严重，后来服用类固醇才得以控制。为了缓解我的焦虑，我去看了几个月的心理医生。治疗很有效，医生帮助我更从容地面对自己的疾病。

学习如何应对哮喘发作时的恐慌，让我更加了解患病的紧张心绪。肌萎缩侧索硬化比哮喘更严重，但由于有了之前患哮喘的经历，我对目前的病情没有那么恐惧。

听到过去曾随之起舞的音乐时，我仍渴望能站起来翩翩起舞。但我四肢的肌肉非常虚弱，我甚至连轻敲一下我的脚或手指都做不到。不过，我还是要高兴地告诉大家，尽管我不能跳舞了，但我仍喜欢聆听舞曲。

[第 三 章]

表达悲伤

如果感到悲伤，就尽情表达自己吧，

无须克制，可以时常表达！

悲伤能让你的情绪得到宣泄，

精神得到慰藉，帮助你保持平静。

伤心、悲痛和哭泣都是自然而然的情感，要是没有文化禁忌、文化预期和文化误读的影响，这些情绪便会自然流露。悲伤是生活的重要组成部分，这是因为每个人都会经历不幸。年纪越大，经历的变故就越多。因此，我们需要学会如何应对悲伤。最好的办法是尽情悲伤，大哭一场也无妨。要是不把悲伤的情绪宣泄出来，你的心底很可能会留下痛苦的烙印，这会影响你生活的方方面面。

　　我们通常会为他人悲伤，比如父母和其他至亲，却没想过为自己悲伤。为自己悲伤能够让我们变得平心静气。具体的做法是，让自己体会悲伤、难过、绝望、痛苦、愤怒、恐惧、遗憾以及生命快到尽头的感受。我会哭到眼泪干涸，然后开始思考为何而哭。我为自己即将死亡而哭，为要离开所爱之人而哭，为未竟的事业而哭，还为要离开这个美丽的世界而哭。痛哭帮助我逐渐明白，所有的生命最终都要走向死亡。

仅仅一次宣泄不可能摆脱所有悲伤，你可能需要经历很多次痛哭、悲泣、呻吟和抽噎。让自己好好体悟泪水、失落、痛苦和空虚，不要担心自己总是在悲伤。我就常常哭泣，有时默默垂泪，有时放声大哭，有时眼眶湿润，或独自哭泣，或与他人相伴落泪。

我认为悲伤是尊重生命的表现，人类通过悲伤来吊唁亡灵，惋惜我们所失去的东西。按照犹太人的传统，我们哀悼亲人时要撕破衣服，这象征着撕裂我们的心肺，以此表达我们的悲伤和失落。

你可以用其他方式表达失落感。对我来说，哭泣是一剂妙方，这源于几年前我在心理治疗小组的经历。

当时，组织者让大家表演各自生活中的重要场景，我说："我想再现母亲去世时的情形。"

组织者说："好的，我来布置。"他安排大家扮演不同的角色，有我的祖母、祖父和父亲。他还把一个盒子装扮成棺材，指着它说："那是你的母亲，你想对她说什么？"

我当时情绪失控，哭喊道："你为什么要离开我？"

然后我就彻底崩溃了。

那时的我已将近50岁,我母亲早在近半个世纪前就去世了,但我还是哭了好几个小时。我哭了又停,停了又哭,这是我哭得最长的一次。这次痛哭是一次重大的转折,改变了我对于母亲去世的态度。

现如今,我为自己哭泣,为将来要与所爱之人分离而悲痛,为母亲过早地离开我而悲痛。有时,我也为整个世界的痛苦,为那些残忍、卑鄙的行径和谋杀事件而悲伤。除了自己的不幸和丧亲之痛,还有很多事值得我悲伤。

痛哭一阵后,内心深处的感情发泄出来,我觉得轻松多了。我知道,这些痛苦一直都存在,但我现在可以把它们发泄出来了。这些情绪让我变得更坚强而不是更脆弱。

有了这种体会悲痛的经历，我能够更从容地应对自己当下的不幸，与家人和朋友共度美好时光，坦然面对任何变故。

表达悲伤的方法

有的悲伤能让人解脱释然，有的悲伤却让人压抑沮丧。如果你对他人心怀愧疚，你可能会掩饰自己的悲伤之情。如果你不愿承认你很生气，或者你与对方之间的纠葛未得到解决，那么你可能会常常觉得遗憾，为遗憾而悲伤不会像为遭遇不幸而悲伤那样具有"积极作用"。

表达悲伤时，我们应该独自哭泣，还是也可以当着别人的面哭泣？在他人面前落泪，会让人们感到羞愧。人们总是说："我是个成年人了，我不该哭，这样做不合适。"他们不想让别人看到自己哭，因为这会让别人为他们难过。他们也担心别人会因此认为他们软弱无能。

的确，看到别人，尤其是看到亲近的人哭泣，心里是不好受。可我对朋友和家人的忠告是，鼓励别人哭泣。对哭泣的人，最好的回应是体恤和共情。可以说些鼓励的话，比如"没关系，我会在这里陪你"或者"我在这里陪你，你需要我做什么都可以，直到你不哭为止，当然，要是你想休息一会儿再继续哭也没关系"。

不应对你的家人、朋友、客人掩饰你的悲伤。你的态度应该是："我现在就是这个样子，我得接受，我也希望你能接受。这就是实际情况。你要是想和我一起哭，那就一起。你不想和我一起哭，也没关系。你不要因此感到心烦意乱。你应该意识到，哭出来会让我好受得多，哭不出来反而憋着难受。所以你应该为我感到欣慰才是。"

得到一时的宣泄或解脱并不意味着你摆脱了所有的悲伤，也不意味着哭完就万事大吉了。你不过是得到了暂时的平静而已。

与家人和朋友达成共识,

在你沮丧、焦虑、绝望或心烦意乱时,

请他们提醒你你不想困在这样的情绪中,

请他们体恤、疏导你。

这似乎与我鼓励人们体会悲伤的建议相悖，但抑制情绪发泄和疏导情绪是不同的。有时，沮丧会主宰我的情绪，就像肌萎缩侧索硬化控制我的身体一样。这时，我很乐意有人可以推我一把："嘿，莫里，过去你情绪好时让我们在这种情况下提醒你。要是现在提醒你让你不好受，我就不提醒了。但要是提醒能让你感觉好些，那么我很乐于提醒你。"别把沮丧当回事，这种疏导可以抚平你内心的焦躁，帮你摆脱痛苦。

借助外部力量疏导情绪的方法可能比较间接。例如，你的朋友发现你情绪低落，他可能会想办法分散你的注意力，或者给你一个拥抱，因为他知道，一个拥抱可以帮你振作起来。他也可能会告诉你，你对他来说多么重要，或者给你讲个笑话或趣事。朋友和家人可以通过多种方式帮助你摆脱忧郁情绪。

摆脱抑郁不是那么简单的,它取决于抑郁的程度、根源、时长、频率以及是否制定了应对措施等。每个人的情况各不相同。临床抑郁症很难控制,可能需要专业的干预。我的建议针对的是反应性抑郁症,即经历应激性事件如剧烈疼痛、重大不幸时出现的抑郁状态。无论慢性病患者还是绝症患者,毫无疑问都会感到抑郁,他们需要家人或者朋友的支持来摆脱抑郁情绪。

为身体机能受损悲伤之后，

要珍惜目前还拥有的身体功能，

珍惜你的余生。

表达悲伤是为了形成良性循环：接受不幸，回归正常生活，找到生命的意义。

如果让你感到悲伤的是某些重大事件，那么你的悲伤永远不会结束。随着时间的推移，我悲伤的次数越来越少，程度越来越浅。但我的目的不是避免或停止悲伤，而是把悲伤作为情绪的健康发泄方式。

认识到自怜和悲伤之间的区别很重要。如果我心里想的是"为什么是我，为什么上天让不幸发生在我身上"，我就是在自我怜悯。如果我心里想的是"这是发生在我身上的一件可怕的事，我对此感到很难过"，那么我就是在接纳自己的悲伤。

自我怜悯或许是悲伤的开始阶段，但为了回归正常生活，体验生活的悲伤与喜悦，你不能责怪自己。下一章将帮助你接受现实。

谁知道我为什么会得这个病？它的根源在哪儿？是上帝的安排吗？如果我接受现实，接受自己的不幸，我就能为我丧失身体机能而悲伤，为我即将死去而悲伤。我为失去亲人而悲伤。这样的悲伤代表着生命的本质。通过悲伤对生命表示敬意后，我不再对已经失去的耿耿于怀，我开始感激我所拥有的一切，感激那些帮助我的人，感激我挚爱的家人和朋友。

[第四章]

接受现实

力求内心情感或精神的宁静，

以平衡身体上的痛苦。

学习在任何时候都能接受现实。

接受现实非常困难，因为人们大都拒绝接受人类共同的命运：死亡。我们都是要死的，但我们往往否认或逃避死亡，抑或荒谬地认为死亡不会发生在我们身上。你如果能接受自己注定会死的事实，也许就能更坦然地面对重病或致残疾病。

我们常感觉我们能够改变一切，科技能解决所有问题。我们坚信："如果所发生的事情不如我所愿，那我就要想办法纠正。"这一信条在绝大多数情况下管用。你如果能改善自身状况，就去改善吧。但如果无法改变现状，你就得学会接受现状。

再过 20 年，人类也许会找到治愈肌萎缩侧索硬化的方法，但目前没有，所以我必须接受这个事实：我患上的这种病致残又致命。尽管研究人员对这种疾病进行了大量的实验，但在未来两周内就发现治愈妙法无异于天方夜谭。必须相当现实地看清真相，然后你才能确定，自己的状况能否改变。假若不能改变，人们往往要么接受现实，要么陷入沮丧。

你可能无法立刻接受现实。我初期的经历就是，时而能接受，时而不能接受。我有时接受自己患上肌萎缩侧索硬化，有时又会沮丧一阵子，然后再次接受这个事实。来来回回，反复折腾。一段时间后，我慢慢接受了自己患病的事实。我终于能够说"好吧，事实就是如此"。我不确定是否有人能够完全接受现实，但我知道目前我已经坦然地接受了它。对现实的接受程度会随时间的推移而发生变化，我们的接受程度越来越高，直至最后完全接受。

期望自己有时是个依赖他人的孩子,

有时是个独立的成年人。

任何社会都会要求每个人从完全依赖他人转变为相对独立，这就是成长的含义。你相信父母会照顾你，指导你，帮你走上独立的道路。

严重的疾病或许剥夺了你在某些方面的独立性，但依赖他人并不等同于孩子气。我们多数人很独立，同时又依赖他人，将二者平衡得很好。平衡是目的，不应将任何一种状态完全排除在你的生活之外。

在患病初期，我就意识到自己必须依靠他人，否则我无法生活。我还更进了一步："我不仅要接受帮助，而且要尽情享受这一过程。我要让自己感受到依赖他人的快乐。"我母亲在我五六岁的时候就重病不起，那时我还是个需要父母照顾的孩子，我没有福分享受到太多母亲的疼爱。所以，我渴望被别人照顾。每当人们帮我做事时，我就享受被照顾的快乐。

有的时候,

要有心理准备去应对自相矛盾的情绪,

比如,又想死又想活,爱别人又恨别人。

我将这种矛盾称为对立的张力。我发现我的许多情绪都有对立的两个方面，我们对许多事情也有自相矛盾的感受。我认为，我们并没有意识到某些负面感受，因为负面感受让我们不舒服。譬如，我们大多数人都很愿意坦白自己对某人的爱，但很难承认对同一个人也有点儿怨恨，或者反感。

对我来说，面对我对我母亲的负面情绪并不容易。尽管我非常爱她，但我同时有点儿恨她。我恨她抛弃了我，虽然患病去世并不是她的错。

我认为任何人与他人的关系都不是纯粹的，总有一些负面因素掺杂其中，而这些负面因素会让人感觉不适。要直面这些负面因素，否则你会感到愤怒和痛苦。

承认我对父亲有反感，我才得以完全认识到自己对他的好感。我父亲没什么文化，也没有什么抱负。我家一贫如洗，我认为他要负主要责任。尽管如此，我还是原谅了他，我改变了过去的观点，认识到这不是他的过错。

承认我对父亲的反感后，我更欣赏他的优点了。我对父亲有着美好的回忆，他在我心目中是一个可爱的乐天派。我幽默诙谐和享受生活的能力都来自父亲。他总是及时行乐，活在当下，从不为明日之事担忧。

我认为，最基本的对立情绪是在生与死两个念头之间的挣扎，身患重病时尤其如此。

有时，你只想躺在床上让人照顾，一动也不愿动，这种情绪没有什么值得担心的。若是走向极端，你可能会开始觉得，你想就这样静静地躺着离开人世。有时的确会有一死了之的念头，但你要记住的是，这只是一时冲动。想要放弃生命的时候，不妨扪心自问："我是铁了心想死，还是只是一时兴起？"如果只是一时兴起，我劝你想想就得了。但如果你是铁了心想死，想一直躺在床上逃避生活，依靠别人照顾，任自己消沉下去，你就得去看看医生了。

通常情况下，对立情绪会交替出现，两者轮流占据主导地位。大多数时间占据主导地位的情绪决定着你的心态。

我们需要接受这些看似自相矛盾的感受，有个笑话说的就是这一点。有对儿夫妇来找犹太教的拉比评理。丈夫先讲了一通。拉比说："你说得对。"紧接着，妻子又讲了一通。拉比说："你说得对。"于是，丈夫纳闷儿地问道："拉比，我们怎么可能都是对的？她是对的，我也是对的？"拉比回答："你说得对。"

如果幻想自己已经痊愈，

身体功能恢复到原来的水平，

能给你带来快乐，那就继续幻想吧。

但当幻想带来痛苦或者你不再

需要幻想时，就回到现实吧。

我认为幻想不是一件坏事。只要幻想不会让现实情况对你来说更加痛苦，你便尽可以肆意幻想。

有一天，我梦见自己精神饱满地奔跑着。"啊！我没有患肌萎缩侧索硬化！"我顿时欣喜若狂！随即我就醒了。

有时，在听音乐时，我会闭上眼睛幻想自己在翩翩起舞。幻想令我快乐，但这种快乐特别短暂。如果我放任自己沉迷于幻想，一旦睁开眼睛回到现实，我就会格外失落。

接受现实：

身体永远不可能像从前一样健康。

尽情享受你健康舒适的时光吧。

接受现实不是一个被动的过程，你必须努力面对现实而非歪曲现实，从而做到接受现实。

虔诚信仰上帝或有精神寄托的人或许更容易接受当下，因为他们知道，现世只是通往另一个世界的临时经停地。假如没有这种信仰，你就得更多地依靠自己的勇气。

接受现实不是天赋，而是后天习得的回应。我的冥想老师点明了反应与回应之间的区别：你可能无法控制你对某件事的第一反应，但你可以决定如何回应它。

不要任由情绪摆布，接受现实是变强大的第一步。哪怕无法改变疾病预后，你也可以控制消极情绪，不让消极情绪损害你的身心健康。对我来说，接受现实是我能够对自身疾病做出健康情绪反应的基础。

[第 五 章]

回顾过去

过去的已经过去,

不要试图否认过去或舍弃过去。

回忆过去,但不要活在过去。

从过往中汲取经验,但不要责怪自己,

不要悔恨不已。不要沉湎于过去。

activation在当下不代表否认过去，而是意味着你能够积极应对当前发生的事。如果你总是思量过去，在情感上你就活在过去中。一些上了年纪的人或身患重病的人总是有诸多遗憾。"如果我当时这么做了该多好。要是我跟那个女人结婚就好了。如果我在事业上迈出那一步就好了。"他们沉湎于过去，简直是在浪费时间。我们在回顾过去时应当问问自己："我能从中学到什么？我曾经学到了什么？它对我的现在有什么帮助？"

如果你在照顾一个生病的亲友，而你过去和他关系紧张,那么为了你和对方,你就不要去计较往事了。怨恨不会因一方身患重病就陡然消失,然而如果你还在对一个生病需要你照顾的人生气,那么你们的关系会变得倍加紧张。人际关系往往微妙复杂,在亲友患重病时,不宜重提往事。你们之间如果存在尚未解决的矛盾,就先将矛盾搁置在一边。请记住,不是非得等到所有矛盾都解决之后,你才能细心照顾他。

谈论往事需要尊重当事人的意愿。有的人喜欢谈论往事,有的人愿意有选择地谈,还有些人可能根本不愿谈及往事,或者宁愿与局外人谈。

要是家属能够以病人希望的方式照料他们,病人会很欣慰。你应该轻言细语地询问病人的想法,并提供相应的帮助。毕竟,我们的想法并不一定合乎他们的心愿,要尊重病人的选择,根据病人的意愿和需求行事。

宽恕自己，宽恕他人，请求他人的宽恕。

宽恕可以温暖心灵、排解苦闷、消除内疚。

我们许多人对自己过分苛刻，总是对未竟之事或该做而未做之事耿耿于怀。第一步，不管是面对该做而未做的事，还是不该做却做了的事，都原谅自己。不要内疚，消极情绪对你没有任何益处。对付消极情绪的方法就是宽恕自己，也宽恕他人。

宽恕是个微妙的词。希望得到宽恕不仅意味着你对所做之事心怀歉疚，想要向对方道歉，或许还意味着你希望做出一些弥补。然而，有些情况是无法弥补的。即使你不能与他人重修旧好，你也需要跟自己说："是的，我做了不该做的事，要是我没做该多好呀！但我现在想原谅自己。"

宽恕帮助你与过去和解。我学会了宽恕自己，这让我不再为过去懊恼或伤悲。

20年来，我一直为自己曾经刻薄地对待一位同事而难以释怀。当时我们在同一个机构任职，而我拒绝同他一起领导一个团队。这么多年来，我一直因对他不够友善而心怀愧疚。最近与他重逢时，我走上前对他说："我已经背负这个包袱20年了。我为自己曾对你说的话和做过的事感到万分抱歉，请你原谅我！"

他说："没关系。我记得有一次我情绪低落，是你拥抱我，安慰我。"

他的宽宏大度让我热泪盈眶，如释重负。

你自己所做的一切努力,

你人生中的所有经历,

都能让你变得从容不迫。

这是你的财富,利用好这些财富。

利用过去的经验教训和沉湎于过去是两回事。比方说，我曾经与一个令人讨厌的家伙打过交道，当时的我选择以其人之道，还治其人之身，但是如果把这件事放到现在我不想这么做。每当有人对我不友好时，我就会吸取过去的教训，做出不同的回应。如果我觉得自己的反应不恰当，我还会做出调整。

你可以回顾过去，从成功中总结经验，从失败中吸取教训，而无须评判自己。利用生病的时机，你可以回顾人生，弥补过失，摒弃遗憾，接受尚未理顺的关系，处理遗留的问题。

实现

[第二部分]

自我

[第六章]

尽可能享受快乐

专注于你关心的、感兴趣的、

重要的事情,满怀热情地参与其中。

有的人终日浑浑噩噩，对任何事情都提不起兴趣。好在这只是一小部分人的生活状态。我相信每个人都有积极生活的潜能。如果周围的事物对你没有什么吸引力，那么请你花时间找到你的兴趣所在。你真正关心什么？你生活的动力何在？你是一个怎样的人？

我现在很了解自己，这在某种程度上得益于我已明确哪些是我一生中最重要的事。我尝试看清现实，摆脱各种条条框框的限制，也只有跳出社会上那些条条框框的束缚，人才能看清现实。

在你完全体验世间事物的"本质"之前，你必须意识到何为"本质"。我说的"本质"是什么意思？想想看，一棵树的本质是什么？人的本质又是什么？在某些方面，这实在是个难解之谜。

你自己的本质是什么？你认为你是谁？你扮演好自己的全部角色了吗？还是超越了这些角色？我们曾在社会学中讨论过这个问题。你是家庭的一员，同时也是社会中的一员，你是这个，你是那个，除此之外，你还有别的身份吗？

社会学家欧文·戈夫曼说，层层剥开洋葱，剥到最后，你的手中空无一物。解构主义者对人的本质也做出过类似的表述。

但我认为这种说法不对。我倾向于认为，人有自我内核。你越了解自己是谁，就会越积极地参与各种活动。

我认为,尽管每个人都有独特的自我,但一旦脱离了群体或与他人的联系,自我就变得毫无意义。

不要自轻自贱，这只会导致自我消沉。

去发现自我，认识自己的价值。

当你身患重病时，你面临的重大危险之一就是失去生活的目标。

你来到这个世界上做什么？你为什么活着？只是混日子吗？如果失去了目标，你会变得消沉起来，甚至开始怀疑早上为什么还要起床。

为自己设定目标非常重要，即使目标很小，比如做一份剪报。你也可以制定一个更大的目标，比如，在你力所能及的范围内帮忙照顾孙子，或者读一本你想读的书。目标越大，你越有动力积极生活，即使在生命垂危之际。

我给自己设立了多个目标，这让我的生活更有意义。满怀热心、真心和爱心地与家人和朋友相处是我的首要任务。我还计划看很多书，希望听听我最喜欢的音乐。

不要认为生病就不能有目标了。设立自己的目标，然后努力去实现吧，目标很小也没有关系。总有那么一天，你可能什么都做不了。我迟早会卧床不起，什么也干不了，但在此之前，我会尽我所能积极地生活。假如我到了不能说话、不能动弹的地步，我仍可以实现我的一个目标，那就是给那些想要在走向人生终点时，依然保持淡定从容的人以启发。

积极生活或者重新培养兴趣，

什么时候开始都不晚。

有些事情在你想去做时可能为时已晚，但你总是有机会着手其他事情。

虽然我在大学教书多年，但我没有料到，在我患上肌萎缩侧索硬化后，我的退休生活仍和从前一样活跃。我写下这些话，为的是让自己暂时把疾病抛于脑后，提醒自己在整个患病期间怎么做才能保持内心的平静。我想掌控我身上发生的一切，于是我写下了所经历的事情，这让我得以以旁观者的视角客观地审视自己。

一段时间后，我想让我的朋友知道我正在经历的事情，所以我把我写的一些内容发给了莫利和菲利斯·斯坦。莫利鼓励我与更多的人分享这些内容，不仅仅是我的家人和朋友。他说："这不只对生病的人，对很多健康的人也有帮助。"菲利斯和莫利与《波士顿环球报》的编辑艾伦·伯杰交流，提议他写一篇关于我的报道。艾伦与杰克·托马斯取得了联系，杰克对我进行了三次采访，然后写出了那篇报道，登在《波士顿环球报》上。

美国广播公司《夜线》电视节目的高级制片人理查德·哈里斯曾经供职于《波士顿环球报》，他看到了《波士顿环球报》的那篇报道。他把报道交给泰德·科佩尔看，然后打电话给我，问我是否有兴趣接受《夜线》的采访。我同意了，因为我想把我的感悟分享出去。摄制组第二天就来了。他们花了近10个小时拍摄我的朋友、我的房子，以及我和我的朋友、工作人员在一起的情景。

对着成千上万的观众谈话是什么感受？这可比布兰迪斯大学听我课的人数要多得多！我很高兴有这么

多人听到我的想法，也很高兴我的表现有别于平常的我。信不信由你，我平常很腼腆，在公共场合有些拘谨。在电视上露面对我来说是一次不错的体验。我的那期《夜线》节目播出后，有将近150人给我来信，说他们深受感动。

我的情况可能有些特殊。你也许没有机会接受电视采访或者写书，但每个人都有机会与他人交往，为他人做贡献。即使是对心情不好的人笑一笑，也会给他们带来鼓励。

无论何时，以何种方式，

尽可能地享受快乐。

你可能会在意想不到的场合找到快乐。

只要你对快乐敞开心扉，你就可以在任何情况下找到快乐。如果你欣赏肥皂泡的色彩斑斓，或者看到盘子会想起上一次与家人或朋友共享的假日大餐，那么即使像洗碗这样的无聊差事，也会成为乐事。无论你做什么，请专心、用心、细心。只要你一心一意把事情做好，不带丝毫焦虑或紧张，你就会乐在其中。

[第七章]

敞开心扉

敞开你的心扉，既为他人，也为你自己。做到慷慨、得体、热情。

在这次生病的过程中，我结识了几位新朋友，还与好多年都没有联系的人恢复了联系，包括我以前的学生，他们在听说我生病后就联系上了我。

你如果感到孤独，现在结交新朋友或者联系你原来的熟人还来得及。即使你过去对人不太友好，让人觉得不好接近，你也有时间做出改变。人并不会因为快要离世就自动变得善良，除非主动改变，否则如果你以前脾气暴躁，那么无论身体如何你的脾气都还会是老样子。

希望改变仅仅是个开始。改变你与他人的交往不止一种方法,我的建议是:明确你想改变的行为,尽可能具体些。例如,如果你想改一改暴脾气,你可以把变得更加开朗或外向作为你的目标。然后,确定你为实现目标需要做的事项。第一步可能很简单,比如多向别人说"早上好"、"请"和"谢谢你"。如果你的目标是让人们经常与你交谈,那你就努力成为一名专注、贴心的倾听者。如果你想让人们经常来看你,你就努力让他们每次来访都感到很愉快。

你可能有一段时间会感到有点儿不自在,尤其是当你拿不准试图改变是否只是走走过场,装模作样。你可以这样来看:你之所以脾气暴躁或有其他不当的行为,是因为你在扮演那样的角色。但是你若扮演一个心地善良、慷慨大方的人,你最终就会成为这样的人。然而，不要把自己逼得太紧或试图很快改变自己，否则你可能会变得灰心丧气，最终半途而废。另外，不要指望别人会马上注意到或者接受你的改变。有的人可能永远不会对你做出你所期待的反应，也有的人可能需要一段时间来适应，然后才想跟你打交道。

  不管别人对你的改变做出什么样的反应，也不管你的改变是否成功，你都会因为勇于尝试而变得更好。

愿望和需求是两码事。
你有人际交往的需求，
就像人类生存需要食物、
水和住所一样。

随着病情的发展，我越来越依赖别人。我到任何地方，都需要让别人用轮椅推着。我需要别人帮我喂饭、洗澡、上厕所。原本我习惯由自己来做的很多事情，现在都由别人帮我做。虽然我在生活上依赖他人，但是我思想独立，情感成熟，能靠心智的独立维系自己的生存。

关于如何与人交往，特别是在依赖他人的情况下，我想有两点需要说明。

第一，我们所有人其实都没有完全长大。我们每个个体，尤其在西方，非常关注自己的个性，以至于没有认识到，每个人必须首先是成人社群的一分子，然后才能完全成长为成熟的个体。然而，我们的社会没有形成成人社群，大家都对彼此负责的世界尚不存在。正如耶稣和一些伟人所说，"我们都是兄弟姐妹"，而非独善其身、自我隔离的心灵流浪者。

孩童时代,我们可以在家庭中和游戏场上感受到群体意识。但是,在上学之后,我们往往会逐渐失去群体意识。在学校、职场、商界,我们被迫参与各种各样的竞争,必须想方设法战胜他人,这些都会导致群体意识的缺失。同样,在政治角斗场上,国家或群体之间的相互对抗也会造成个体群体意识的缺失。我们每个人要想真正长大,都要接受作为群体成员的相互依赖性。只有这样,我们才会对人们相互之间的需求有不同的理解。

第二,大家都有被他人需要的需求。仔细想想,你是不是喜欢别人向你寻求建议,而且也乐于提供建议?帮助别人会让人觉得自己是个好人。每个人都希望自己是个好人,无论实际情况是否如此。被他人需要是一种强大的驱动力,所以,当你接受他人帮助时,你也在回馈他们。

当你希望获得别人的帮助时,先静下心来区分你的需求和愿望。人们往往会将这两者混为一谈。你可能会说,"我需要买辆新车",但实际情况是,你想要一辆新车。你真正需要的是与他人建立友爱关系,或者以一种前所未有的方式体验世界。

在生病期间,分清自己的需求和愿望非常重要。我可能想要美食或者冰激凌,但我真正需要的是让人推着去上厕所。需求是必须付诸行动的事情,而愿望则是有选择的。愿望没有实现,你也可以凑合着过。

我认为需求必须得到满足,因为它必不可少。我以前很内向,不爱求助于人,但我现在不再这样了。我不想遭罪,如果我的腿别在轮椅里,需要别人帮我把腿挪动一下，我就会清楚而直接地告诉别人我的需求。但如果因为觉得热或冷，想让别人帮忙调一下温控器，我就不会那么急于提出我的愿望。佛教徒对痛苦的理解很有见地。他们认为，诸行无常，一切皆苦，人受苦是积福报，而冥想可以帮助人脱离苦海。佛教教义称，如果遭受痛苦，你也许可以通过冥想来降低痛苦对你的影响。但这并不是说，即使你能通过做些什么来摆脱痛苦，你也应该坚持忍受痛苦。这是我对这个问题的个人理解。

开诚布公地与愿意倾听的人谈论你的疾病。这有助于他们,也有助于你自己面对你的脆弱。

我们的文化对生病持消极态度，仿佛生病就代表一个人的软弱或缺陷。人们觉得生病可耻，得了重病尤其如此，这会导致人们因生病而心生内疚，甚至因生病而轻视自己。有时候，身患绝症的病人最需要关爱和支持，可家人和朋友却离他而去。

疾病很诡秘，它让我们大家深受其害。它令病人感到孤独、痛苦，也让他们与其家人和朋友之间产生隔阂。尽量回避谈论病情，会让大家不仅都担惊受怕、谨小慎微，而且感到孤独无助。

我发现能与他人谈谈我的病情非常重要。我不会与每个人都谈，但我会告诉我的家人和朋友，我期望得到他们的回应和支持。他们在了解到我的实际情况后，就不会把我的病情想象得更糟糕。

我们不会回避谈论我的病情，但也不会局限于谈论病情。换言之，我们不会沉溺于谈论我的病情，让它成为维持我们关系的核心要素。

我并不是要你在街上拦住行人谈论你的病情，但你的确需要找人聊聊。不要把你的痛苦经历憋在心里，也不要把他人拒之门外。

我在《夜线》电视节目露面后，读到了埃里克·明克在《纽约每日新闻》的专栏文章，他评论了我的节目："泰德·科佩尔利用电视为公众开辟了一条了解逝者心灵的通道。"他写道，他的父亲也患有肌萎缩侧索硬化，却拒绝谈论他的病情。老人封闭自己，不让别人知道他的感受和想法，所以明克对父亲的感受一无所知。明克在电视上看到我时，"感觉好像终于听到了一些父亲的内心想法"。当你敞开心扉时，你亲近的人会对你充满感激，愿意为你提供帮助，你自己也会感觉更好。

与关心你的人和你关心的人共同构建
一个支持系统,以个体或集体的形式
均可。不要向别人提出他们没能力
或不愿意满足你的要求,
以免人家对你敬而远之。
坦然接受别人的拒绝。

不管你原来一直多么独立，患上重病或慢性病你都很难独自应付，因此必须请人护理。如果丧失行动能力，你需要有人照顾饮食起居。如果不再能参与自己的治疗决策，你需要有人代你处理医疗事务。不过，还有一点你可能没有意识到，那就是有人关心你的社交需求是何等重要。

如果你生病了，不能写信、打电话，那么护理者可以成为你生命质量的保障。例如，她可以帮你联系疏远已久或住得远的亲戚和朋友，说："我知道他很想见见你，快来吧。"或者当你体力不支，不能接待客人时，她会对来电者说："他今天状况不太好，劳烦您下周再打电话。"

我本人喜欢家人和朋友都围在我身边，但并非所有人都喜欢很多人来访。有些人可能只愿和亲近的家人或老友待在一起。无论哪种情况适合你，都不要犹豫，你要让别人知道你的意愿。如果希望有人来探望你，你就说出来。如果有人对你说"如果有我能帮你做的，请告诉我"，不要因为自尊或者谦逊而不好意思回答。"如果能经常与你聊聊，那就太好了。我觉得聊聊天非常有用。"你如果做不到那么直截了当，可以请你的护理者转告对方，你非常感谢他的来电或探望。

当你患上重病时，他人的关爱是非常必要的。我很幸运，有很多朋友经常到家里来看我。我称他们为我的关爱团，我的天使，我亲爱的朋友。他们经常来看我近况如何，同我交流心里的想法，让我知道他们多么关心我。有时他们会带晚餐来与我共享，和我谈论当天的新闻或者身边的事，告诉我他们当前的烦心事，对于有的事我还能够给予帮助或者出出主意。

事实上，我与亲人和朋友互相交流，互相给予。他们说，他们在向我学习，看着我坦然面对一切是对他们的一种激励。反过来，朋友和家人带给我无限的能量、温暖、关爱、关心和照顾，让我充满活力。由于我的行动受到极大的限制，他们把整个世界呈现在我面前，也把他们自己呈现在我面前。通过这些，我看到了外面的世界。

我尽量不对他人提出过多的要求。因为我不希望干扰朋友和家人的正常生活。如果他们拒绝了我提出的要求，我也不介意。我尽量洞察他们内心的想法。在对他人提出要求之前，要考虑一下他们的父母是否生病，孩子是否需要照顾，他们是否有工作上的困难、婚姻上的问题或者其他负担。像一些人自己所说，他们本人可能已经忙得不可开交了。

你需要了解，朋友和家人或许认为你的身体并没有那么虚弱，因为他们希望你能"好转"。他们这样想是因为关心你。认识到这一点，试着让他们了解你的真实情况，而不要强行让他们接受。

有一段时间，我在需要纸巾时，总会发现朋友、家人和助手都把纸巾盒放得离我太远。他们是不经意的，没有意识到现在我的双手软弱无力，已经够不着纸巾了。当然，在我提出这一点后，他们会把纸巾盒挪近一点儿，但他们仍然没有意识到我胳膊的肌肉实际上已经萎缩得非常严重。他们的这个小举动让我意识到，他们认为我的病情在好转，会恢复到两周或四周前的状态。我知道，他们很难接受我的病情在恶化，其实连我自己也很难记得身体上的所有变化。有时我伸手，以为可以够得到纸巾，结果还是够不着。相对于我周围的人，我更容易察觉到我病情的恶化，因为我一次又一次地感受着这些变化。而他们希望我能比现在更好地活动，相信我仍能做各种以前习以为常的事情。所以，每当我告诉他们我够不到纸巾盒时，他们就会把盒子挪近点儿，但是下一次他们还是会把它放在我够不着的地方。这件事让我明白，他们还没有完全了解我病情的发展阶段。每次我不得不要求他们把纸巾盒放近点儿时，我就劝告自己，他们最终会像我一样了解我病情恶化的程度。

他人对你的喜爱、关爱、
关心、好感、钦佩和尊重，
足以让你保持镇静。

人们带着喜爱和关爱来看望你,但对你来说,要做出恰当的回应并不总是那么容易。让我给你举一个例子。有时人们告诉我,"你好英俊"或"你精神焕发,像天使一样"。而我心里想:谁?我?你在说我吗?我是个病人。但这样回应是不合适的。他们正在与我分享他们对我的感受,我应该对他们的感受持开放态度,即使它与我自己的实际感受相矛盾。我劝告自己要接纳所有美好的事物。你无法回避身体变得越来越糟的事实,因为这是不可避免的,但是你可以选择接受美好的事物。上面这些充满爱的瞬间能让你变得更加坚强,更加从容和安宁。

[第 八 章]

善待自己

对自己要有爱心、同情心，

对自己要温柔。与自己为友。

不要总是贬低或批评自己。

许多人觉得自己"不够优秀"或者做得不够好，就跟自己过不去，对自己进行心理惩罚。他们责备自己辜负了自己和他人的期望，责怪自己没有选择一条不同的人生道路，在学校成绩不够好，或者没有从事一份更好的工作。

你可能有很多理由不去善待自己，持续摧残自己，可这没有什么益处，尤其是在你生病的时候。

患病之后，你很容易讨厌自己，觉得生病的责任全在自己，或者觉得自己正在遭受惩罚，生病就是活该，甚至认为自己一无是处，没有价值。一旦抱有这种心态，你就会一直对自己刻薄，不断伤害自己，而你也许根本没有意识到你在伤害自己。

善待自己、爱惜自己非常重要。可以说，你只拥有你自己。你如何怜悯、善待他人，就应当同样地善待自己。如果你能为自己感到难过，接受自己，原谅自己，你就是在善待自己。

我们的社会文化鼓励人们在各个方面进行竞争，这让我们很容易陷入难堪的境地。有人赢，就有人输。于是你谴责自己，贬低自己，因为你没有做得更好，你没有赢，你没有取得第一名。但是第二名、第三名又有什么错呢？再也不要以伤害我们身心的方式去评判自己了。每当想到自己不好的事情时，就想想其他好的事情，想想积极的事情。想方设法对自己更加友善、更加温和。

善待自己有点儿像做自己的家长，对自己要友善、有耐心，多鼓励自己，就像小时候父母对我们，或你对自己的孩子那样。记忆中我继母就是善良温柔的典范。

父亲再婚后，我们家仍然很贫穷，但感情生活要丰富得多。我继母没有自己的孩子，她很疼爱我和弟弟。继母在我生命中极为重要，我非常爱她。她道德高尚，有爱心，给了我极大的帮助。从她那里，我学到了许多做人的准则：诚实、真诚、善待他人、关爱他人。我用从她那里学到的爱的法则来善待自己。

当因为需要别人帮助而失去了独处的自由时,你要想办法保持心灵自由自在。

患病时，你很难享受独处，于是独处变得异常珍贵。随着身体机能的不断退化，我失去了更多独处的自由。

由于每天 24 小时都需要陪护，我的身边总是有人。护理我的人都非常体贴。当我希望独处时，他们会回避。但有时，我想独处，却办不到。在我开始写这本书时，我还可以自己进食，但现在，我已无法自己坐着吃饭，需要人喂饭。

我说的独处，指的是一个人清静地待着，与自己进行交流。要是有人在场，独处就很难实现。我认为，我们都需要独处的时间来了解我们的处境、我们的感觉、我们的想法，以及我们如何与他人相处。所以我要开辟一个心灵的私人空间，一个寄托我的思想和情感、便于我沉思冥想的私人空间。

生病可以让你体验更多的自由，
成为真正的你，成为理想的你，
因为你没有什么可以失去的了。

或许你现在年事已高，正在经历病痛，但即使这样，现在盘点一下人生也为时不晚。问问自己，你有没有活成自己希望的样子，如果没有，你想成就怎样的自己？

犹太人哲学家马丁·布伯写了一本富有诗意的关于心灵教诲的书，书名是《我和你》(I and Thou)。在书中，他用"我和你"指代一种理想的关系。依我理解，"我和你"意味着两个主体之间、人与世间万物之间彼此关联，但又不失独立的个性。我对布伯的观点有所引申：人还应该想清楚，来到这个世界，你希望自己活出怎样的人生，你的潜力是怎样的，你能成为怎样的人。如果弄懂了这些，有了自己的理想，不管是什么样的，你就去努力实现。

即使生命进入了倒计时，你也能做到这一点。你会发现，这个时候反而更容易做出改变，因为你自由自在，没有什么可失去的了。因此，如果你想变得更友善，更富有同情心，那么开始对别人更友善、更富有同情心吧。如果你想成为一名冥想者，那就开始冥想。你在年轻或身体健康时渴望成为什么样的人？现在正是时候，努力活成理想中的你！

[第 九 章]

体谅，宽容，超脱

若不能掌控自己的身体,

那就通过加强对自己心态和

情绪的控制来弥补。

长年累月地生病会对病人的情绪造成破坏性的影响。关键是要学会如何疏导情绪，而不是任由情绪波动牵着鼻子走。

控制情绪不能单凭意志力或自己的意愿。如果你有过戒掉咬指甲习惯的经历，那么你一定清楚，只是告诫自己别咬指甲，这不管用。你需要从情感层面来了解自己为什么要这样做，这样做的动机是什么。有时候你可以从认知层面来了解，有时你或许是在无意识中了解的。

控制情绪的基础是在情感层面上解决你所面临的问题，你需要足够的情感空间来处理问题，不被问题压垮。我所说的"情感空间"并不局限于某种特定的感受和思考方式，而是可以有很多选择。一旦认识到在情感层面可以有多种选择，你就能在很大程度上控制自己的情绪。

在第四章中我曾讨论过回应和反应之间的区别。但凡有事情发生，我们通常会产生一个自发的条件反应，这是我们无法控制的。若是有人打你耳光，你会生气；若是有人说你坏话，你可能会怨愤；若是有人夸你，说你了不起，你就会笑逐颜开。这些都是自然的反应。读到这里，你或许会说："我不想做出那样的反应。"当然，坏事发生时你可能会这么说，好事发生时可就不一定了。

你也许打算不再气愤，因为一旦你开始气愤，对方就控制了你的情绪。当我想调整自己，对某件事做出不同的回应时，我会思索自己当下出现那种反应的原因。我问自己："为什么我会气愤？这有什么大不了的？就因为他说了我的坏话？这是他的问题，而不是我的问题。"我的想法是，尽量理性地回应，而不是情绪化地做出反应。

疏导情绪并非易事，可能需要旁人提醒。我举个相关的例子。自从人们得知我患病的消息后，我收到了很多信件和卡片。我和亲朋好友聚会时，他们会帮我回信。

其中有封信来自一对儿夫妇，我同他们已经疏远多年。坦白地说，我不喜欢他们的来信，所以我不打算回信。但我的一个儿子问我："你的爱心哪儿去了？"

"但这是我真实的感受。"我回答道。

他又说:"你试试看,能不能改变一下你对他们的成见?"

多亏了我儿子,我确实改变了自己对这两位朋友的成见,这让我的心胸更加开阔了。

做自己的见证者，见证自己的健康、情感、人际交往和精神状况。

我们在投身有意义的活动时,往往会沉浸其中。有些经历我们甚至会刻骨铭心,深陷其中无法自拔。当你生病时,你需要学会以亲历者和旁观者的双重视角看待这一变故。我在栗屋疗养院担任研究员时,曾开展过一个心理疾病项目的研究,在几年时间中,对患者与医生的交流进行观察及分析,这培养了我作为观察者的能力。当然,我需要客观地看待我观察的病人,否则很多事我肯定会受不了。在这个过程中,我逐渐培养了超脱的心态,哪怕事件本身感人至深,我也尽量免受影响。慢慢地,我也可以以旁观者的身份观察自己亲身经历的一切。

哪怕不是专业人士,我们也能培养超脱的心态和自我观察能力。我从心理治疗中学会了自我观察。心理治疗和心理分析的根本驱动力是跳出自我,审视自己的行为和思维。这样，你就可以接受自己的某些方面，而在其他方面做出改变。成功与否取决于你是否能够以旁观者的视角分析你内在的自我。

冥想也有助于我变得善于自我观察和适度超脱。冥想时，自己的感受、思绪和激情在脑海里一遍遍上演，这样你就可以一直审视你身上发生的一切。

对发生的事情保持超脱，并不意味着你错失了这次经历。其诀窍在于能够做到两者兼顾，或者同时兼顾，或者依次兼顾。有时你无法做到两者兼顾，所以你必须过一段时间后再回想一下：那件事情的原委是什么？我怎样保持超脱？我能从中学到些什么？

你可以以不同的方式保持超脱。一种方法是试着退一步，把自己当作另一个人，以他人的视角审视自己。这叫作"扮演他人的角色"。20世纪30年代，乔治·赫伯特·米德在《心灵、自我与社会》(*Mind, Self, and Society*) 一书中就提出了换位思考或共情的概念，意指站在别人的角度来看待问题，设身处地地体会对方的感受。这本书在我攻读硕士期间很重要。

我会把自己想象成另外一个人，以他人的视角来审视自己。在审视自己的过程中，有时我看到的是一个身体机能失调、需要大家帮助的人，有时我看到的是一位睿智的老者。我也会把自己身上发生的事看作别人的事。我会思索："要是其他人患上了这种病，情况又会如何？"通过向外投射我的经历，我就无须完全沉浸于自己患病的心路历程和主观感受。

另一种保持超脱的方法是把你的经历写下来。在写作过程中，你可以客观地看待自己。所以，如果我写下我的疾病、痛苦和机能障碍，我就可以跳出自我。

病症成了我分析和思考的对象，而不是纯粹的主观体验。如果某个时刻令你格外悲伤或痛苦，那么你可能很难跳出来。但总的来说，通过保持超脱，我得以从不同的角度看待自己患病过程中许多重要的事情。

保持超脱的另一个方法是，想象自己处于另外的情景。冥想可以发挥很大的作用，它可以让你的思想进入另外一个空间或者现实。祈祷对一些人来说具有同样的效果。

我想明确一点，我并不是要你回避自己所经历的一切。如果你感到愤怒、沮丧、厌恶、怨恨、绝望或有其他类似的情绪，请允许自己真切地感受，但也要知道你可以在这些情绪面前保持超脱。如果你没有切身经历事情的过程，你就不清楚自己要超脱的是什么。

可以怀疑能否改变当前的情绪,

但不要放弃尝试,

因为结果说不定会有惊喜。

我们都会对能否做出改变心存疑虑，尤其在涉及情绪问题时。当我们产生疑虑时，我们往往会屈服于疑虑，而不是质疑疑虑。

也许你的疑虑会发生改变，或者事情的不确定性并不像你想象的那么强。我有一个朋友50多岁了，他怀疑自己能否独自生活。而我知道他可以做到，我觉得我比他自己更了解他这方面的能力。我告诉过他，他的疑虑不一定有道理，但很难说服他。尽管如此，他还是在这方面取得了一些进展，因为他相信我具有敏锐的洞察力，所以他开始质疑他对自己能力的质疑。

如果你一直努力控制自己的情绪，那么你可能会惊喜地发现，发生了一些你自己都不曾预想的改变。例如，在我患病后，有些人并不像我期望的那样对我热情和周到，我过去因此感到非常生气，甚至有点儿怨恨。我甚至觉得他们不是好人。慢慢地，我心里想："唉，他们有自己的生活要过，我应当承认，他们已尽最大的努力帮助我了。"这样一想，我便不再怨恨或恼火了，相反，我由衷地感激他们的付出。

完全控制好情绪，这个目标不切实际，也不可取。贵在坚持，应把尝试控制情绪看作一种增强自我的修炼。控制情绪不要操之过急、不要过度焦虑，你需要的是平心静气，坚定不移，告诉自己："控制情绪是我努力的方向，我会想办法做到。"

了解威廉·詹姆斯的心理学原理或许对你有所帮助。詹姆斯的理论与其所处时代的传统观念背道而驰。20世纪之前，人们认为，如果你产生了某种感受，你就会顺应这种感受行事。而威廉·詹姆斯推翻了这一观点，他提出，如果你以某种方式行事，你便会得到相应的感受。我认为这两种观点都是对的。如果你做事充满爱心、热心，你就会感受到爱心、热心。另一方面，如果你满怀爱意地对待他人，你便可能得到他人爱的回报。

可以怀揣希望，但不要盲目乐观。

倘若得知自己患有严重疾病，你自然希望疾病不像看起来那么严重，或者不像医生讲的那么严重。你或许已经感到绝望，觉得自己的愿望不切实际，而另一方面，你还不想放弃希望。就我的情况，我明白，寄希望于医学能很快治愈肌萎缩侧索硬化是不切实际的，而希望自己的病情保持平稳或恶化得慢一些是可能的。我希望未来一段时间我的机体还能进行一些活动，还能做点儿有用的事情。

勇敢是一个非常有趣的话题。我从未预料过我能像如今这般勇敢地应对疾病，因为此前我在面对身体的伤痛时总是很害怕。如果我在刑讯室接受审讯，审讯员对我严刑拷打，要我招供，我估计我受不了疼痛，很快就会招供。在我两个儿子小时候，不管哪个发生点儿意外状况，我都挺紧张的，尽管不是什么大不了的事。

面对身体上的痛苦或变故需要一种勇气,而直面人生并接受生活的现实需要另一种勇气。我想,这些年来,特别是去年,我已培养出了这种勇气。我通过培养体谅、宽容和超脱等品质,让我的生活变得安宁,让我能够冷静应对疾病,我因此而获得了勇气。这一切让我有了内心的宁静,帮我保持着尊严、幽默感以及昂扬的士气。我也因此而自我感觉良好,认为自己值得拥有心灵的宁静。我希望自己能以这种方式继续生活,直到在生命尽头平静地离开世界。

[第十章]

寻找精神信仰

如果可以的话，

确立能支持和安慰你的精神信仰，

并践行之。

每个人对于生命的根本问题都会有自己的理解。比如，我们最初是如何来到这个世界的？我们存在的意义何在？人与自然的关系是怎样的？这些问题令人困惑，我一直在努力寻找答案。科学只能解答部分问题，但不足以揭示全部真相。我认为，一定存在某种神奇的力量。虽然我不知道这种力量是什么，但可以感到它是一种无比强大的力量。

我自小接受犹太教传统熏陶，所以顺理成章地认为存在上帝，当然我指的是犹太教的上帝。我16岁那年的一天,学校的一位希伯来语老师鼓励我阅读并与她讨论弗洛伊德。她说,弗洛伊德认为上帝是我们父亲的替代者。而我自言自语道,又或许是对老师说:"我有父亲,我不需要另一位父亲。"她说我误解了她,她说的是一种精神分析而非宗教上的阐释。不管怎样,无论她如何解释,我都成了不可知论者。

我过去信仰犹太教正统派,但逐渐感到其教义毫无意义,因为人们不能因此获得神圣感与精神寄托。人们会摇晃着身子,用我不懂的希伯来语喃喃地念经祷告。但我感觉不到与上帝的联系。我觉得这只不过是一种仪式而已,而我不再想重复这类仪式了。当然,仪式也许可以转化为现实,但我没有走到那一步。

就在1933年希特勒上台的时候,我放弃了信仰犹太教。希特勒和他制造的犹太人大屠杀让我很难相信上帝。我对收音机里希特勒仇恨的叫嚣记忆犹新,它让我不寒而栗。后来,在听闻东欧犹太人的悲惨遭遇后,我更不相信存在全能的上帝。如果上帝确实存在,他怎会让这种惨剧发生?过了很久以后,犹太神秘主义引起了我的兴趣,最近通过阅读我才了解到犹太神秘主义运动。

找到你的精神信仰，

然后用自己的方式敬奉它。

大约10年前,我开始对不可知论感到不满。我想寻得精神寄托,于是决定进行冥想,感觉这是一种符合我个人原则的精神修炼方法。

尽管我不擅长冥想,也并非每天都进行冥想,但我仍从中获益颇多。在冥想过程中,我会潜心静坐、体察呼吸、感受当下。这种形式的冥想帮助我在心理学和社会学方法的基础上,更好地应对身体的病痛。

我之所以选择冥想,是多年前受到印度哲学家克里希那穆提的影响。我在1949年或20世纪50年代初的某一年见过他。我的心理分析师对他颇为尊崇,所以当克里希那穆提来到华盛顿特区时,我去听了他的演讲,他给我留下了深刻的印象。

那年他看起来50多岁,身材瘦削,文质彬彬,头发花白,不苟言笑。

在他看来，我们必须质疑人生和生活的所有设想，包括你与他人的关系、社会、自我、心理期待和接受的东西等。世界并非独立于人的意识而存在。人们如今的所思所为与100年前相比不尽相同。

甚至连我们对现实的认识，也会随着时间的推移而改变。例如，将汽车视为不可或缺的私有财产，只不过是我们人类构建的一个观念。并没有自然法则规定，我们必须借助汽车才能出行，或者每个人都应当有车。如果大家都认同汽车不是必要之物，那么很快就不再有人希望制造、使用或拥有汽车，汽车最终将淡出我们的视野。

在第一次投掷原子弹之后，人类对世界的看法发生了迅速而彻底的改变。我们突然间意识到，要是几百人决定引爆他们所拥有的原子弹，那么全人类瞬间就会灰飞烟灭，消散无踪。我们对世界的稳定性有了不同的认识。如此一来，我们就能明白克里希那穆提的意图所在。他要我们看到人类的卑劣行径，虽然他没有明确地使用"卑劣"这类词。看看人类多么残忍，多么凶恶，多么惨无人道！人类为什么会这样做？克里希那穆提说，每个人都必须有这样的觉悟，这就是开悟之路的全部。

冥想帮助我更加冷静、更加专注地面对疾病和死亡。如若不做冥想，我或许也能获得平静和专注，因为我会一直努力寻找内心安宁之法。人们虽然信仰不同，但都希望通过祈祷获得平静和慰藉，尤其是在面对疾病和死亡时，祈祷会是一种莫大的安慰。即便你内心非常强大，在你应对重病压力时，外在的帮助或许也会对你有益。一些放松技巧可以帮你在痛苦时集中注意力。心理治疗也同样有益,因为它能帮助人们找到生活的意义。而有时我们可能需要药物来帮助自己恢复或保持情绪稳定。

  修心修行事无定法,因人而异。要不断尝试探索,直到找到适合自己的方法。

探寻关于生命与死亡这一终极问题的答案,但要做好求而不得的准备。享受探寻的快乐。

患病期间其实是探求终极问题的绝好时机，你可以借此机会思考生与死的奥秘、存在的意义、人类的命运、创造和谐宇宙的条件、成就完整人生的方法，以及精神和灵魂的本质。

我有个朋友叫杰克·西利，20世纪60年代末与我在布兰迪斯大学共事，现在他每周都会从洛杉矶给我打电话。在一次通话中，他说他要与我分享一句格言，因为他知道我在进行精神修行，而他自己在修行过程中已找到精神寄托。他说："上帝说过，'你若还未找到我，你就不要找我了'。"这句话寓意深刻。寻找的过程就是一种精神寄托。你之所以寻找一样事物，是因为你相信它的存在。坚信不疑就是有信念。

有些朋友一直好奇，为何我要乐此不疲地追求精神修行。我的冥想老师告诉过我："莫里，你已经修行到家了。你富有同情心，慷慨给予别人关爱，心胸开阔，熟谙世事。这便是修行的最高境界。"我对此很认同，但我仍渴望自己的修行能得到一个成果。换言之，我渴望得到人们对我精神修行的认可。她说："或许你的修行已经取得很好的成果，只不过你还没有意识到而已。"另一位朋友说："你能用你罹患疾病的经历帮助他人，这难道不是你修行最好的成果吗？你患上这种可怕的疾病却成就了一番了不起的创举，这不只是偶然！这些成果都表明，冥冥中有种力量在召唤着你完成人生的最后一项重要使命！"

我还没有实现自己追求的"人神合一"的境界，我会因此感到沮丧吗？不会的。"人神合一"的确是我深入思考并希望实现的境界。如果已经实现，我肯定能感受得到，然而到目前为止我还未感受到。很多人告诉我，他们体验过人神合一，他们与上帝或某种神奇的力量有着密切的联系。我现在认识到，确实有可能实现所谓的人神合一，但我自己还没有这种体验，不过我不会因此感到沮丧或失望。

[第十一章]

思考死亡

须明白,

生死之间的距离或许并不遥远。

人都要死，这是自然规律。不管我们意识到没有，从出生的那刻起，我们就已经签订了死亡契约。我们对死亡感到诚惶诚恐、无助绝望，这说明我们并未视自己为自然的一部分。我们认为人类是万物之灵，因而习惯于把自己与自然分隔开来，但事实上无法分开。万物有生必有死，我正在努力接受这一简单而深刻的思想。

几天前，冥想老师的话让我茅塞顿开。她说："莫里，也许你该改变自己对生与死的看法。生死之间的距离或许并不遥远。"我继而追问:"你的意思是,生死之间相隔的并不是什么天堑,而只不过是小河上的一座小桥?"

我一直认为生与死是相互分离的状态。认识到两者并非完全分离实非易事,至少我是这么想的。她说:"你思想开明,不妨换个角度来思考这个问题,看看你能悟出什么。"

你还有时间学习如何面对死亡，

心怀感激吧。

死亡是个人的事，也是大家的事。我有一个温馨的家庭和许多可爱的朋友，他们因我患上重病并濒临死亡而聚到一起，我们彼此联系，相互照顾。

他们定期来看望我，我们谈论世界上所发生的事情，谈论我们精神上的感受；我们相互关爱，一同哭泣；我们诉说彼此之于对方多么重要；我们相互抚摸，相互拥抱。

亲友们表示，他们十分享受同我一起度过的时光，因为从我这儿能学到如何勇敢地面对死亡。显然，他们看到我如何生活是很受振奋和鼓舞的。与此同时，他们的期待也鼓舞着我。

我们都清楚自己正在走向死亡的路上，一天天接近死亡。向死而生的最佳策略是，活得清楚明白，富有同情心，充满爱心。

许多人临终前都表达过类似的观点,我认为其中蕴含真理。不要等到弥留之际,才意识到这是唯一的生活方式。斯蒂芬·雷文说过:"爱是唯一理性的行为。"披头士乐队在歌里也唱过:"爱是你所需要的一切。"W.H.奥登还说过:"要么相爱,要么死去。"很多人都说过类似的话,但我们充耳不闻。

为什么我们充耳不闻?因为我们的自我在作祟,自我总是大声嚷嚷:"我!先考虑我!不要考虑别人!"我们必须认识到,我们得为彼此负责,互相关爱。这是我们能做的最有爱的事!

邀请好友加入你的精神修行，

这或许能让你的修行之路不那么艰难。

我和几个朋友组建了"死亡与修行小组",小组的任务是探索如何找到适合每个人的精神寄托。我们苦苦思索诸如此类的问题:人死后有灵魂吗?有来生吗?有转世吗?人死后还存在吗?

在我看来,只要我们在探索过程中确有收获,以上问题的答案是什么就无关紧要了。死后会发生什么,你是否相信有来世,这些都无关紧要。我在小组内以及我平日主要做的事情,就是让大家敞开心扉,触动他们内心深处最柔软的部分,这样我们便能洞察我们共同的人性。

即使你没有加入我们这样的正式小组,你也可以邀请朋友或者家人定期聊聊。一旦专注于精神修行方面的问题,可以讨论的话题将永远不会枯竭。我个人从中获益匪浅,特别是从一对一讨论或者小组讨论中,因为你可以畅所欲言。与他人亲切交流，不论谈什么都很好，因为不光内容重要，大家交流时产生的归属感和共鸣也很重要。我们聚在一起，交流各自的想法和感受，这就是这个小组之于我的意义。

若你与我处于同样的境地，你就能领悟到佛教中精辟的说法："年轻时，每个人都知道人会死，可没有人相信人会死。"非得等到生命最后时刻来临，你才相信，人终将死去。

我们处于同一艘船上，而这艘船迟早会沉没。再过100年，也许你我都已不在这世上。这么看问题，你就会觉得，我们筑起藩篱、囤积财富来彰显自己的存在，拒绝承认人类的共性，是多么荒谬。

学会如何生活,你就知道如何面对死亡;

学会如何面对死亡,你就知道如何生活。

要想活得充实而精彩，最佳办法是做好随时会死亡的准备，因为死亡临近会让你人生的目标更加清晰，你能够因此而聚焦于真正重要的事情。感到生命快要终结时，你会更关注自己所珍视的一切，尤其是与所爱之人的关系。

为了让自己在患病过程中保持平静，我为自己设定了若干目标，这些目标与大多数人自小就确立的目标并无二致，即培养以下各种品质：勇敢、高尚、慷慨、幽默、关爱、坦诚、耐心和自尊。相较于人生中的其他阶段，临终时要想实现这些目标并不容易，不过你会更为迫切地去努力尝试。你越致力于过高尚的生活，你就越不需要害怕生命的终结。

我想以一则寓言来结束本书，这则寓言是我的冥想老师讲给我的，是一个关于浪花的故事。

从前有一朵小浪花，一朵男浪花，他在海面上荡来荡去、开心自在。突然，他意识到自己正被拍击到海岸上去。在这浩瀚的大海中，他正在被推向岸边，即将化为泡沫。"天哪，我要大难临头了！"他一脸的忧伤和绝望。这时，来了一朵女浪花，上下荡漾着，快活极了。她问他："你为什么这么沮丧？"男浪花回答："你不明白吗？我们马上要撞向海岸，消失得无影无踪！"女浪花说："不，是你不明白。你不是一朵浪花，你是大海的一分子。"

我相信女浪花的说法。我不是浪花，而是人类的一分子。我将死去，但我也会继续活着。是以其他形式活着吗？谁知道呢！但我相信自己是广大世界的一部分。